ÉPITRE

A

Monsieur Eugène Castillon de Saint-Victor,

Chevalier de l'Ordre de St-Jean-de-Jérusalem,

PAR

CHARLES CARPENTIER.

Avranches,

E. TOSTAIN, IMPRIMEUR-LIBRAIRE, RUE DES FOSSÉS, 6.

——

1842.

ÉPITRE

A

M. CASTILLON DE ST-VICTOR.

ÉPITRE

A

Monsieur Eugène Castillon de Saint-Victor,

Chevalier de l'Ordre de St-Jean-de-Jérusalem,

PAR

CHARLES CARPENTIER.

Avranches,

E. TOSTAIN, IMPRIMEUR-LIBRAIRE, RUE DES FOSSÉS, 6.

1842.

1er Janvier 1843.

ÉPITRE

A M. CASTILLON DE ST-VICTOR.

. . . . . . *Ego utrum*
Nave ferar magnâ aut parvâ ferar unus et idem.

—-HORACE. —

. . . . Dans cette triste vie
Où de tant de revers la victoire est suivie,
Où nos plus doux plaisirs deviennent nos bourreaux,
L'étude, après l'amour, est le meilleur des maux.

—CASIMIR DELAVIGNE.—

I.

DEPUIS tantôt deux ans que ma Muse engourdie,
Sans rien produire, fait des plans de tragédie,
De drame, d'épopée et de chefs-d'œuvre d'art,
(Beau rêve! illusion qu'à vingt ans on pardonne!)

Depuis deux ans je dis, tous les jours que Dieu donne :
« J'ai ma dette de cœur à payer tôt ou tard.

« Plus de répit ! à l'œuvre ! ô ma Muse inspirée !
» Allons ! paye ce soir cette dette sacrée !
» Chante tes plus beaux vers pour distraire un moment
» Le savant plein d'esprit, de grace, de finesse,
» Le patriarche saint aimé de la jeunesse,
» L'ingénieux conteur, le poète charmant.

» C'est ton devoir. Une ode, une épître, une lettre,
» N'importe. Au lendemain il ne faut plus remettre.
» Enfant, il m'accueillait avec aménité,
» Il pliait son esprit à mon esprit frivole,
» Et toujours il avait quelque douce parole
» D'amitié, d'intérêt, d'indulgente bonté.

» L'enfant devint jeune homme et parut dans le monde,
» Mais rien ne démentit cette bonté profonde.
» Quand il me rencontrait dans les riches salons,
» Dans les groupes, de bruit et de plaisir avides,
» Souvent il me montrait du doigt deux fauteuils vides,
» Et m'emmenant, disait : « Asseyons-nous, causons. »

» Puis c'étaient des récits, des bons mots, une histoire,
» Des vers : que sais-je ? tout ! Il citait de mémoire
» Virgile, Cervantès, Dante, Homère, et beaucoup
» De livres du vieux temps qu'on ne fait plus au nôtre :

» Une heure se passait assis l'un près de l'autre,
» Et femmes, plaisirs, jeu , walses, j'oubliais tout.

» Muse! que fais-tu donc? Quand le devoir l'ordonne,
» La Sibylle s'assied au trépied de Dodone ;
» Le souffle de son dieu réchauffant sa vertu ,
» Son sein bat, son œil luit, son sang bout, sa voix tonne,
» L'oracle à tout moment dans le temple résonne;
» Prêtresse d'Apollon, ma Muse, que fais-tu?

» Ne peux-tu soulever ta pesante paupière?
» Ton front est-il scellé sous un sommeil de pierre?
» Muse! réveille-toi! debout! l'heure a sonné.
» Rallume encore un coup le feu de ta prunelle ,
» Laisse errer les doigts blancs sur la lyre immortelle,
» Chante le plus doux chant que le ciel t'ait donné. »

Ainsi depuis deux ans à ma Muse engourdie
Parlait mon cœur, rêvant des plans de tragédie.
Deux ans ont, jour par jour, comme une ombre passé,
Et je n'ai point encore, avec ma main pieuse,
— Oh! devoir filial, dette religieuse, —
Dressé de monument au culte du passé!

Hélas! que de projets s'envolent en fumée!
De labeurs éternels notre vie est semée ;
Nous passons emportés dans son vol incertain ;
Chacun traîne en marchant, par une loi commune,

La chaîne du travail qu'attache la fortune,
Chacun courbe le front sous le joug du destin.

Aujourd'hui! le travail, le temps, rien ne m'arrête.
Je vis au fond des bois comme un anachorète,
Plus libre que l'oiseau qui fend les champs du ciel!
Dans ce recueillement où mon âme se plonge,
Dans ces jours de travail que la veille prolonge,
Je remplirai mes vers de parfums et de miel.

Au loin! livres de droit et de philosophie,
Creuset où mon esprit bout et se purifie!
Orateurs et savans, par la gloire inspirés,
O Gaïus, Cicéron, Justinien, Démosthènes,
Mes vieux maîtres chéris et de Rome et d'Athènes,
Je ferme pour un jour vos livres vénérés!

Vous êtes mon espoir, ma fortune, ma vie;
Vous avez des trésors que mon orgueil envie;
Vous avez des secrets inconnus aux mortels;
Oui, je vous aimerai d'un amour idolâtre,
Je pâlirai sur vous mon front opiniâtre,
Et je ferai fumer l'encens sur vos autels.

Mais — je sais vous quitter quand le devoir m'appelle.
A d'autres sentimens mon cœur n'est point rebelle;
Et dussè-je essuyer les plus rudes revers,
Autour de tout talent bourdonnante moustique,
Dussè-je recevoir les traits de la critique,
Mon cœur parle : il suffit! et j'écrirai mes vers!

II.

Quand le front dans ma main, le coude sur ma table,
Méditant de Pothier l'ouvrage inimitable,
Le soir, au bruit du vent qui ronfle sous les toits,
J'interromps ma lecture en tournant une page,
Vers Avranches souvent en esprit je voyage;
Et prenant mon habit et mes gants de chamois,

Au sonore heurtoir de votre porte blanche,
Où jamais sans secours un pauvre ne se penche,
Je viens frapper, Monsieur, pour m'asseoir près de vous :
Devant le bois rongé, que la flamme fendille,
Sur un moelleux coussin bordé de cannetille,
Je vous vois, — un vieux livre ouvert sur vos genoux.

Vous lisez : — c'est peut-être une vieille chronique,
Le manuscrit poudreux d'un décret canonique,
Un chant de Métastase, une ode de Byron;
Car, sans changer d'esprit, vous changez de langage,
Et le ciel vous donnant la science en partage,
Vous lisez sans effort Le Tasse ou Caldéron.

Ou bien vous écrivez ! — tantôt des anecdotes,
Tantôt des vers. Tantôt vous recueillez des notes.
Mais, soit que vous teniez papier ou chroniqueur,
Il me semble vous voir quand j'entre à votre porte,
D'un geste bienveillant et d'une voix accorte,
Faire un de ces saluts qui vous charment le cœur !

« Eh bien! que faisons-nous? l'étude marche-t-elle?
» Voit-on à votre seuil s'asseoir la clientelle?
» Glanez-vous des épis tombés de la moisson
» Que le plaideur entasse aux greniers du prétoire?
» Avez-vous le sang chaud et le nerf oratoire?
» Attendez! Dieu pour tous fait place à l'horizon.

» Attendre et travailler, c'est le secret des hommes.
» Prodigues de leurs soins, et du temps économes,
» Beaucoup ont attendu qui brillent maintenant.
» Long-temps par la racine il faut nourrir la sève,
» Tremper son fer rougi, donner le fil au glaive.
» Mais toujours la fortune arrive en s'obstinant.

» J'ai vu dans les fureurs des discordes civiles
» La torche populaire incendier les villes;
» J'ai partagé le pain et le sel du proscrit:
» Plus tard, quand le Seigneur balaya ces tempêtes,
» Je revins me mêler au tumulte des fêtes;
» Mais l'étude a toujours consolé mon esprit.

» Eh! qui pourrait prévoir la tourmente nouvelle
» Que dans ses flancs obscurs l'avenir amoncelle?
» Les fléaux destructeurs ne sont pas apaisés.
» Un sourd mugissement semble ébranler la terre;
» Des pitons sulfureux, des gorges du cratère,
» Il peut jaillir encor des torrens embrasés.

» Travaillez! le travail est l'arme de la gloire,
» Le père du succès, la clef de la victoire;

» La science est un champ qu'on ne peut dépouiller :
» Ses sillons sont remplis d'innombrables semences.
» Suspendez votre lampe à ses cryptes immenses,
» Plus d'un filon d'argent reste encore à fouiller.

» Vous êtes jeune. Il faut lutter avec courage.
» D'un pied ferme, toujours front nu, bravant l'orage,
» La main sur votre cœur, l'œil au ciel, marchez droit!
» Vous entendrez siffler les serpens de l'envie :
» Qu'importe? si l'honneur protège votre vie !
» Qu'importe? si leur dent ne pique à nul endroit !

» Aux marches des palais le deuil fait sentinelle,
» Il promène autour d'eux sa sanglante prunelle,
» Dans ses ongles de fer il étreint les puissans,
» Sous leurs pieds en marchant il entr'ouvre une tombe;
» Il fond comme un vautour, comme la foudre il tombe,
» En traçant sur les murs des signes menaçans!..

» Mais dans la solitude, au sein de la retraite,
» Fermant aux bruits du monde une oreille indiscrète,
» Le sage, en souriant, se dérobe aux douleurs.
» Deux beaux anges—l'Etude et la Paix—sœurs jumelles,
» Comme d'un bouclier le couvrent de leurs ailes,
» Et quand la mort fait signe, il s'endort sous des fleurs. »

Voilà bien les discours que votre bouche amie,
Comme un baume, répand sur ma foi raffermie;
Et tandis que, rêveur, j'écoute vos accens,
Tous les nobles instincts que la nature inspire,

S'éveillant, s'agitant, reprenant leur empire,
D'une ardeur généreuse enflamment tous mes sens.

III.

Amour des cœurs virils, maxime évangélique,
Loi de l'humanité que la raison explique,
Soutien du pauvre, appui du génie abattu,
—J'en atteste ces monts, ces champs, ces bois sauvages,
Ce soleil éternel, ces verdoyans rivages, —
O Travail! je chéris, j'admire ta vertu!

Arbre au tronc vigoureux dont les rameaux sans nombre
Font éclore pour tous le fruit, la feuille et l'ombre,
Fournaise où tout se fond! — gigantesque atelier
Qu'assiège incessamment l'humaine fourmilière,
Temple éternel ouvrant la nef hospitalière,
Où tout vient rajeunir et se multiplier!

Travail! monstre aux cent bras, colossal Briarée,
Souverain dont les grands affichent la livrée,
Géant qui fais monter les fleuves sur les monts,
Creuses des mers, atteins le ciel, conduis la foudre,
Mettrais à coups de bêche un continent en poudre,
Et de Cadix à Fez pourrais jeter des ponts!

Scalpant fibre par fibre, artère par artère,
Ton œil de lynx pénètre au centre de la terre.
Prophète, tu prédis la mort et le réveil.

Aux branches d'un compas tu mesures le monde,
Dans les flancs des rochers tu fais tourner la sonde;
Si le soleil manquait tu ferais un soleil.

Oui! Travail, je comprends ta force universelle:
Le globe en frémissant sur son essieu chancelle,
Les flots des Océans se courbent devant toi,
Ton souffle incoërcible abat tous les obstacles,
Les peuples, sans comprendre, admirent tes miracles;
Tout subit ton pouvoir, tout cède sous ta loi.

Aussi, tant que le jour illumine la nue,
Tant que l'aube aux cils d'or rougit de se voir nue,
Tant que l'airain des tours n'a pas tinté dix coups,
Tant qu'un bout de la mèche oscille dans la lampe,
Tant que par bonds égaux le pouls bat dans la tempe,
Il faut, pour le travail, rester sous les verroux!

IV.

Adieu donc pour long-temps, adieu ville chérie,
Promenades du soir, joyeuse causerie,
Cercle de jeunes gens assis à mon foyer;
Adieu résilles d'or, blanches robes de crêpe,
Walse au vol circulaire, et corsages de guêpe
Qu'en mes songes, la nuit, je revois tournoyer!

Adieu vous que j'aimais, ô blanche Poésie,
Dont ma lèvre enfantine a sucé l'ambroisie,

Douce fée aux yeux bleus, ô bel ange du ciel !
Puisque j'ai mis le pied sur le sol d'esclavage,
Je suspends votre lyre aux saules du rivage,
Je brise pour jamais votre coupe de miel !

Emportez vos lauriers, vos couronnes de chêne,
Rompez les nœuds de fleurs qui tressent votre chaîne,
Menez, menez plus loin vos chœurs et vos chansons.
Je ne vous suivrai plus, comme une jeune épouse,
Aux danses des neuf sœurs sur la verte pelouse,
Je ne reviendrai plus écouter vos leçons.

Oh ! si je coule en vers l'or pur de mes pensées,
Si j'exhale ma voix en strophes cadencées,
Divine Poésie, ô mes jeunes amours,
Si ma tremblante main veut moduler encore
Un chant mélodieux sur la harpe sonore,
Avant d'en démonter les cordes pour toujours !

C'est qu'en ressuscitant mes premières années,
Ces fleurs des jours passés que le temps a vannées,
Ces grains qui sont comptés au rosaire du temps,
C'est que du souvenir en rallumant l'étoile,
Toujours à mes regards une ombre se dévoile,
Une image sourit dans mes rêves flottans.

Elle vient à pas lents tous les soirs me surprendre ;
Je l'écoute parler, et j'imagine entendre
Ces gracieux rhéteurs qui venaient tous les jours,
Le long des beaux jardins ombragés de platanes,

Discourir au gymnase avec Aristophanes,
Et cacher la raison sous de légers discours.

Type de son esprit, héritier de ses graces,
De la jeunesse grecque il a suivi les traces.
Si Lesbos eût connu cet aimable étranger,
Simonide et Sapho l'auraient vu comme un frère,
Et le soir, au milieu d'un banquet littéraire,
Ils l'auraient couronné de chêne et d'oranger.

CHARLES CARPENTIER.

Tirepied, 14 décembre 1842.

—Avranches.—Imprimerie de E. Tostain. —

www.ingramcontent.com/pod-product-compliance
Lightning Source LLC
Chambersburg PA
CBHW050354210326
41520CB00020B/6314